Iteku Bekomo Jeff
Baya Luyeye Moïse
Bongo Ngiala Gédéon

Analyse phytochimique et aperçu des activités biologiques de fruits

Iteku Bekomo Jeff
Baya Luyeye Moïse
Bongo Ngiala Gédéon

Analyse phytochimique et aperçu des activités biologiques de fruits

Évaluation des activités anti-bactérienne et anti-oxydante des extraits de noyau de *Persea americana* (Mill) Lauraceae

Éditions Vie

Cover image: www.ingimage.com

Publisher:
Éditions Vie
is a trademark of
International Book Market Service Ltd., member of OmniScriptum Publishing Group
17 Meldrum Street, Beau Bassin 71504, Mauritius
Printed at: see last page
ISBN: 978-613-9-58965-4

Epigraphie

« Jésus-Christ est un Dieu dont on s'approche sans orgueil et sous lequel on s'abaisse sans désespoir »

Blaise Pascal

Dédicace

En première lieu à l'Eternel, mon **Dieu**, le Saint d'Israël pour la vie qu'il m'a cessé de me donner depuis ma naissance, la sagesse et l'intelligence qu'il m'a accordées pour mener à bien ce travail.

A ma très chère mère **Samuel Aluzala Kiantandu** pour les sacrifices que vous avez consentis pour mon instruction et mon bien être. Je vous remercie pour tout le soutient et l'amour que vous me portez depuis mon enfance

A vous tous de la famille **Baya, cousins, cousines, neveux, oncles, tantes** pour tant d'affection dont vous faites preuve.

Remerciements

Arrivé au terme de cursus de notre 2em cycle à l'Université de Kinshasa, de la faculté des sciences, Département de Biologie, il nous faut remercier ceux qui ont contribué et apporté une pierre à l'édifice et à son achèvement. Ainsi, nous tenons à remercier le Dieu Tout Puissant, l'Ancien des jours qui fait que l'avenir soit encore plus prospère.

Nous remercions tous les Professeurs, le personnel Académique et Scientifique de l'Université de Kinshasa en général et de la Faculté de Sciences en particulier.

Cependant, nous voulons particulièrement exprimer notre profonde gratitude au Professeur **Iteku Bekomo Jeff PhD et l'Assistant Lengbiye Moke Emmanuel p**our avoir accepté de diriger et encadrer ce travail en dépit de leurs multiples occupations.

Nous exprimons également notre gratitude aux Chefs des travaux **Kikweta** Cyprien, Bienvenu **Mvingu**, Goslin **Gafueni**, **Mavanga** et Assistants **Bikandu** Blaise, **Lubunda** Dieudonné, **Mayundo** Blanchard pour leurs encadrement et conseils scientifiques riches pour élaborer ce travail.

Nous voulons exprimer également notre reconnaissance aux professeurs du Département de Biologie pour avoir contribué efficacement à notre formation de Biologiste.

Nous exprimons notre gratitude à mon oncle **Luyeye Nsinda** Moise et à ma tante maternelle **Diduala Nicky** pour leur appui financier dans la réalisation de ce travail.

Nos remerciements s'adressent également à **Baya** Charles, **Baya** Sarah, **Baya** Dodi, **Baya** Dorcas, **Baya** Abigaël, Reagan **Mbala**.

Nous serions ingrats de ne pas remercier tous ceux qui, de près ou de loin, nous ont soutenus dans la réalisation de ce travail qu'ils trouvent ici l'expression de notre profonde gratitude.

Nos remerciements s'adressent à tous les collègues, amis et camarades : **Vuvu** Justin, **Kungu** Thierry, **Mbayi** Ornella, **Mwankole** Gratia, **Bilonda** Joidie, **Biota** Bonheur, **Mbembo** Blaise, **Mata** Carmelle, **Kiangani** Lydie, **Biti** Nowa, **Mukendi** Salem, Bisuta Benie,

Kamwanya Rachel **Embumba** Lisette, **Imbwembangu** Miradie, **Bashomberwa** Guylain, **Belade** Joël, **Mbiya** Jenny, **Benome** Paguy, **Mwandika** Patrick.

INTRODUCTION

Les plantes médicinales sont utilisées depuis l'antiquité, pour soulager et guérir les maladies humaines. En fait, leurs propriétés thérapeutiques sont dues à la présence de centaines, voire des milliers de composés naturels bioactifs appelés : Les métabolites secondaires. Ces derniers sont par la suite accumulés dans différents organes et parfois dans des cellules spécialisées de plante (Mourad, 2011). Actuellement, le développement de la résistance microbienne aux antibiotiques et la toxicité des antioxydants synthétiques ont conduit les chercheurs à puiser dans le monde végétal et particulièrement les plantes médicinales et culinaires en quête de molécules naturelles efficaces et dénuées de tout effet adverse (Mourad, 2011). De nombreuses études ont mis en évidence la présence de métabolites secondaires doués d'activités biologiques telles que les polyphénols, flavonoïdes, alcaloïdes, terpènes...etc.

Le stress oxydatif se définit comme étant un déséquilibre profond de la balance entre les pro-oxydants et les antioxydants en faveur des premières, ce qui conduit à des dégâts cellulaires irréversibles. La réduction univalente de l'eau 'oxygénée résulte dans la formation d'espèces oxygénées activées (EOA) dont font partie les radicaux libres (anion, superoxyde, radical hydroxyle), le peroxyde d'hydrogène et l'oxygéné singulet, etc. Toutes ces espèces sont potentiellement toxiques pour l'organisme car elles peuvent inactiver des protéines, induire des cassures au sein de l'acide désoxyribonucléique (ADN) avec, comme conséquence, une altération du message génétique, dégrader les sucres, oxyder les lipoprotéines et initier des processus de peroxydation lipidique au sein de la membrane cellulaire en s'attaquant aux acide gras polyinsaturés (Pincemail, 1998). Récemment, l'attention s'est portées sur les herbes comme sources d'antioxydants, qui peuvent être employés pour se protéger contre les effets du stress oxydant (Mata *et al.,* 2007).

La RD Congo est un vaste pays de l'Afrique centrale riche en biodiversité. Sa richesse biologique (faune ou flore) n'est pas suffisamment suivie scientifique (Bikandu, 2011). Certaines de ces plantes sont utilisées traditionnellement par la population. Ces espèces végétales représentent un grand réservoir pour les métabolites secondaires. Parmi les plantes médicinales qui constituent le couvert végétal, se trouve le genre *Persea*, ce dernier est largement distribué surtout dans la région sub-tropicale. Parmi, les espèces les plus connues se trouve *Persea americana.* Cette plante est largement utilisée pour traiter plusieurs maladies, a constitué le sujet de plusieurs études qui font déterminer leurs compositions chimiques, ainsi que leurs propriétés biologiques.

Le présent travail a été entrepris afin d'évaluer les activités antioxydante et antibactérienne des extraits de *Persea americana* Mill., une plante largement utilisée en médecine traditionnelle en République Démocratique du Congo.

Objectif général :

- ✓ Valoriser l'usage médicinal des noyaux de *Persea americana* Mill.

Objectifs spécifiques :

- ✓ Réaliser le screening phytochimique des noyaux de *Persea americana* ;
- ✓ Evaluer la teneur en polyphénols totaux, et en flavonoïdes ;
- ✓ Evaluer l'activité antioxydante des extraits de *Persea americana in* vitro en utilisant les radicaux ABTS, DPPH et le phosphomolybdate ;
- ✓ Evaluer l'activité antibactérienne des extraits de *Persea americana* Mill.

Outre l'introduction et la conclusion, ce travail est subdivisé en deux grandes parties.

La première est consacrée aux données bibliographiques qui traitent les généralités sur : la plante utilisée, le stress oxydant et les antioxydants.

La deuxième partie est expérimentale et est subdivisée en deux chapitres ; le premier donne le matériel et les méthodes utilisés tandis que le deuxième présente les résultats et leur discussion.

CHAPITRE I : REVUE DE LA LITTERATURE

I.1. Plantes Médicinales

I.1.1. Définition et composition

Les plantes médicinales sont celles qui contiennent un ou plusieurs principes actifs qui peuvent être utilisés à des fins thérapeutiques ou qui sont des précurseurs dans la synthèse de drogues utiles ou bénéfiques pour la santé animale voire humaine (Verdrager, 1978). En Afrique, il a été démontré que ces plantes représentent une véritable thérapeutique pouvant soigner dans certains cas, plus de 90% de la population (Sofowora, 1996). Les groupes chimiques contenus dans ces plantes médicinales sont subdivisés en deux catégories, les métabolites primaires et les métabolites secondaires.

Parmi les métabolites secondaires, on a les polyphénols (dont les anthocyanes, les leuco-anthocyanes, les quinones, les tanins et les flavonoïdes); les terpènes; les stéroïdes ; les saponines; les alcaloïdes, etc.

I.1.2. *Persea americana* Mill.

- ***Description botanique et origine***

Persea americana Mill, appelé plus communément avocatier, est un arbre de la famille des Laurraceae. Il est originaire du Mexique, et se développe dans un climat tropical et sub-tropical. Dans la nature, il peut croitre jusqu'à 20 mètres de haut. Son fruit est une drupe. Il a la peau allant du vert au noir et contient un gros noyau (Figure I). Il existe environ 400 espèces cultivées, et il est majoritairement cultivé à des fins alimentaires. De plus, de nombreuses propriétés médicinales lui sont reconnues depuis longtemps, entre autre utilisée comme vermifuge ou contre la fièvre. Aujourd'hui beaucoup de pays cultivent cet arbre, mais le Mexique reste le leader. Les pays européens les importent, car leur climat n'est pas favorable à la culture (Pérez *et al.*, 2015).

Feuilles à pétiole de 1-3 Cm de long, canaliculé et pubescent; limbe oblong-elliptique, ovale à sub-orbiculaire, obtus à sub-arrondi à la base, obtusément apiculé au sommet, de 7-25 Cm de long et de 3-16 Cm de large, ± coriace, glabre ou éparsement pubescent sur la face inférieure, surtout sur les nervures; nervure primaire saillante sur la face inférieure; nervures secondaires

6-10 paires. Particules terminales ou axillaires sur les rameaux jeunes, pluriflores et pubescentes; pédonculé atteignant 9 cm de long.

Fleurs à pédicelle court, de ± 4 mm de long; réceptacle court ou nul, tomenteux à l'intérieur; tépales subégaux, atteignant ± 4 mm de long, oblongs-lancéolés et tomenteux sur les deux faces; étamines fertiles 9, à filets filiformes et tomenteux : celles des 1er et 2e verticilles à anthères introrses; celles du 3e verticille à anthères extrorses et pourvues de 2 glandes; celles du 4e verticille staminodiales, cordées ou sagittées et stipitées; ovaire ovoïde, glabre à glabrescent. Les fleurs, vertes s'ouvrent au début de la saison humide. Les organes mâles et femelles n'arrivent pas à la maturité en même temps au sein d'un même arbre, il en faut donc au moins deux proches l'un de l'autre pour avoir des fruits (Amann *et al.*,2011). Ceux-ci font en moyenne 9 cm de diamètre (Orhervba *et al.,* 2011). Drupepiriforme ou ovoïde, à développement variable et atteignant au maximum 15 cm de long et 12 Cm de diamètre, à exocarpe vert ou violacé, à mésocarpe charnu et jaune verdâtre.

Le greffage est le mode le plus préférable pour sa reproduction. La semence reste viable 2ou3semaines mais elle peut être stockée plus longtemps si elle est au frais. Si on enlève la peau de la semence, la germination est plus rapide et meilleure. Repiquer les plantules avec la terre entourant les racines. Les races du Guatemala et des Antilles donnent les meilleurs porte-greffes. Elles sont cependant comparables aux greffons des Antilles. On plante d'abord les semences dans une pépinière, à une distance de 35Cm. On le couvre d'une couche de terre de plus de 1 cm d'épaisseur. On utilise le greffage de coté sur la couche (avec les pointes de 6Cm de long). Pour les souches plus vieilles, on utilise le greffage en écusson. Les plantes greffées et écussonnées peuvent être transplantées âpres environ 18mois (Latham et Konda, 2006).

Selon Yasir et al.(2010), il existe trois variétés d'avocatiers :

- la variété mexicaine appelée var. *drymifolia*, aux feuilles à odeur d'anis,
- la variété l'indien de l'est appelée var. *americana*, dont les fruits sont pauvres en graisse,
- la variété guatémalien appelée var. *guatemalensis*, aux fruits à maturité longue.

En plus des utilisations variétés déjà citées, ils sont utilisés en médecine traditionnelle pour soigner l'hypertension et le diabète.

Fig.1. *Persea americana* (Avocado)

❖ ***Position systématique***

D'après la classification phylogénétique APG III (2014) *Persea americana* Miil. Appartient :

Au clade: Angiospermes
Au clade:Magnolideae
Al'ordre:Laurales
A la famille:Lauracées
Au genre :*Persea.*
Espèce :*Persea americana* Mill.

❖ ***Noms vernaculaires***

Chinois : Zhang Li, huangtu Li, Li de lao, XI Li de yin du lao, **Birman** : Htawbat yin du laoli, **Crote** :Avokadod'americhki, **Ledanois** :Avocat, avogatpaere, **Français** :Avocatier, avocat, **Néerlandais** :Advocaat, **Allemand** :Alligatorbirne, avocadobirm, avocadot, avocadobirne, **Hongrois** :Avokado **;** **Japonais** :Abokado, perusea, **Coréen** :Ahbok'ado, **Italien** :Avocato, **Khmer :**Avokaa, **Malais** :Apukado, avokado, buahmantega, apokat, **Norvegien** : Avokado, **Russe** : Avokado, **Portugais** : Abacate, abacateiro, **Espagnol** :Aguacata,pagua, **vietnamien** :bo,led'àù ;**Thaï:** Awokhado, **Filipino**;Avocado, **Tradename:**medrang, **Amharic**:avocado, **Indonesie**: adpukat, avokad, **Creole:** zaboka, **Mandinka**: avokado, **Swahili**: mparechichi,mpea,mwembemafuta:(Noorul *et al.*,2016)

❖ ***Habitat et repartition géographique***

Persea americana est originaire de l'Amérique tropicale et est actuellement cultivé dans tous les pays tropicaux. On retrouve des avocatiers dans les jardins cultivés ou sur les bords de routes et, dans des parcelles. L'avocatier peut pousser sur les sols-limoneux. Ils ne supportent que les sols trop peu drainés et les sols saturés en eau. Des précipitations bien reparties et atteignant entre 1.250-1.750 mm sont idéales. Il nécessite des conditions plutôt sèches pendant la floraison. Les races mexicaines tolèrent mieux le manque d'eau et un taux d'humidité bas ainsi qu'un climat humide, chaude avec des températures situées entre 25 et 28^0C (Latham *et al.*, 2006).

Figure 2. donne la répartition géographique de *Persea americana* Mill.

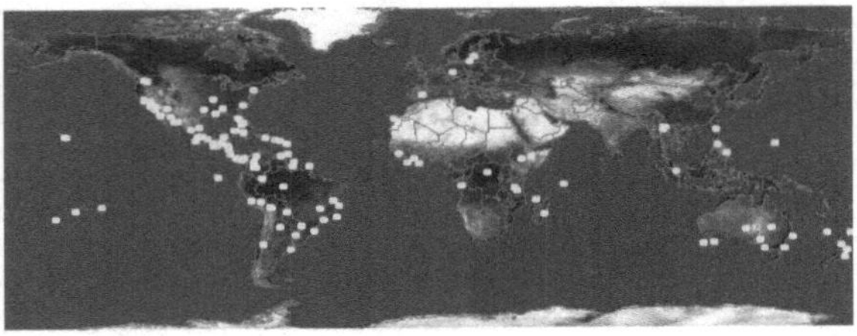

Figure 2. : Répartition géographique de *Persea americana* Mill.

❖ *Données ethnobotaniques et économiques*

L'écorce, le fruit et la feuille sont utilisés dans le médecine traditionnelle, le Sud et en Amérique centrale, en Inde occident et en Afrique pour le traitement de divers maux tels que laMénorragie, l'hypertension, bronchite, diarrhée et diabète (Adeboye *et al.*,1999, Adeyemi *et al.*,2002, Antha *et al.*, 2005, Owalobi *et al.*, 2005).

- **Au Nigeria**

Une infusion des feuilles est employée dans le traitement des inflammations douleurs et fièvres (Adeyemi *et al.*, 2002).

- **En Afrique de l'Est**

Les feuilles de *Persea americana* ont été employés comme antitussive, efficace, antidiabétique, anti-hypertensif, remède analgésique et anti-inflammatoire (Adeyemi *et al.*, 1999).

- **A Bangui (Centrafrique)**

Les feuilles de *Persea americana*, deux petits poignés de feuilles coupées en morceaux, faire infusion dans un litre d'eau à boire au cours de la journée pour le traitement des maladies hypertensives et métaboliques (Koane *et al.*, 2011).

- **Au Sud-ouest du Nigeria**

Persea americana est utilisé dans le traitement de la malaria, antihelminthique, antibactérienne, antioxydant (Dike, 2002). La décoction aqueuse des feuilles est employée localement pour le traitement de tumeurs et maladies relatives de tumeur (Engel, 2011).

- **En République Démocratique du Congo (Kongo-Central)**

On cultive principalement pour ses fruits comestibles qui sont riches en lipides, protéines, et vitamines. C'est un des fruits les plus nourrissants (Latham et Konda, 2006).

- **En Inde**

Persea americana, est utilisés en médecine traditionnelle pour soigner l'hypertension et le diabète (Yasir *et al.*, 2010).

- **Dans l'Ile de Mayotte**

On cultive principalement pour ces fruits, riches en vitamines, sont consommés dans le monde entière alors que l'huile extraire du noyau est utilisées en cosmétique (Amann *et al.*, 2011).

- **Au Ghana**

Elle est utilisée dans le traitement d'anti-malaria potentiel (Komlanga, 2015).

- **En Afrique du Sud**

L'extrait aqueux de *Persea americana* est utilisé dans le traitement d'épilepsie (Ojewole, 2006). Le fruit est utilisé comme anti-aphrodisiaque (Watt *et al.*, 1962).

❖ ***Données phytochimiques et pharmacologiques***

La feuille de *Persea americana* contient du quercétol, de la catéchine, de l'épi catéchine, de la cyanidine, de la procyanidine, des terpénoïdes, des tanins catéchiques, responsables de l'effet anti diarrhéique, et une huile essentielle (contenant en quantités variables de l'estragole, du méthylchavicol, de l'α-pinène et d'autres terpènes). La pulpe du fruit, quant à elle, contient des sesquiterpènes, de l'hydroxytryptamine, des vitamines A et E, des caroténoïdes, des glucides (glucose, fructose, perséitol et mannoheptulose).

Les différentes classes des constituants chimiques sont les monoterpenoïdes (Pino*etal.*,2000), sesquiterpenoïdes (Scora *et al.*,1998), triterpenoïde (Werman *et al.*,1990), flavonoïdes (De Almeida *et al.*,1998), alcaloïdes (Nagaraj *et al.*,2010), stéroïdes (Sciancalepore *et al.*,1982), caroténoïdes (Gross *et al.*,1974). Plusieurs recherches ont trouvé des molécules aux propriétés intéressantes dans le fruit. Pour commencer, un composé antifongique contre le pathogène *Colletotricum glaesporiode*a été découvert en 2000. Il s'agit du (E,Z ,Z)-1-acetoxy-2hydroxy-4-oxo-heneicosa-5,12,15-triene et a été isolé à partir des idioblastes de l'avocat(Domergne *et al.*, 2000).

Quatre ans plus tard, (Luq, 2005), montra que l'avocat est le fruit avec le plus de lutéine, qui représente70% de ses caroténoïdes. Ceux-ci se retrouve dans l'extraction faite à l'acétone, accompagnés des tocophérols. Cet extrait permet d'inhiber la croissance des cellules cancéreuses de la prostate in vitro, alors que la lutéine seule ne le permet pas. De plus, la grande quantité de d'acides gras présents dans l'avocat facilitera l'absorption des caroténoïdes dans le sang, ce qui réduit davantage les risques de cancer. En 2007, Confirment cette découverte en précisant que les molécules phytochimiques extraites mènent à l'apoptose en ciblant la signalisation multiple et augmentant l'oxygène réactif intracellulaire (Ding *et al.*, 2007).

La dernière propriété intéressante de l'avocat est le potentiel antioxydant. Celle-ci est dû aux phénols solubles totaux, la vitamine C, le β carotène et les caroténoïdes totaux. L'extrait aqueux est 95 fois plus antioxydant que le lipophilique, ce sont donc les phénols (24,2mg/100gMF) et la vitamine C (58% acide ascorbique) qui sont en majorité responsable de l'activité antioxydant de l'avocat (Corral *et al.*, 2008).

Pour ce qui est du noyau, une extraction méthanolique suivie d'un fractionnement a permis de séparer et d'identifier trois composés d'acides chlorogéniques et ses isomères, de l'acide quinique, des salodrosides, de la proantocuacinedinesB1et B1. Des tests in vitro ont montré que ces molécules avaient des effets d'inhibition et de stimulations sur le kératinocyse et le fibroblaste humain (Ramos,2013). D'autres molécules phytochimiques bioactives ont été trouvées et ont pour effet d'améliorer l'hypercholesterolémie, l'inflammation, le diabète et l'hypertension. De plus des effets insecticides, fongiques et antimicrobiens ont été encore une fois montrés (Dabas *et al.*, 2013). L'huile extraite du noyau est riche en composés insaponifiables qui diminuent l'arthrose par des propriétés anti-catabolique. De plus, elle inhibe la fibrinolyse et favorise la réparation du cartillage. Pour finir, il a été observé que ces insaponifiables réduisent l'absorption et la biosynthèse de cholestérol (Christiansen *et al.*, 2014).

La dernière partie de *Persea americana* qui a été fortement étudiée est la feuille. Dès 2002, des propriétés très intéressantes ont été découvertes. Une étude de l'extrait aqueux sur les souris à montre de forts effets analgésiques (antidouleurs)et anti-inflammatoire (Adeyemie *et al*, 2002).Peu après cela, les extraits des feuilles ont aussi monté un effet vasorelaxation significative sur les rats (Owalobi *et al.*,2005).

Dans les populations africaines, plusieurs parties de la plante étaient aussi utilisées pour soigner les convulsions. Des mesure de cet effet anti-convulsant de l'extrait aqueux sur des crises induites sur des souris par trois composés (pentylenetetrazole [PTZ], picrotoxin [PCT] et bicucultine [BCL] ont montré une bonne inhibition pour les deux première cas. L'effet anti-convulsant serait alors dû à une augmentation de la neurotransmission et /ou à l'action gabaergique dans le cerveau (Ojewole *et al.*, 2006).

Comme pour le noyau, il a été montré que les feuilles de *P. americana* ont des effets bénéfiques sur le cholestérol. En effet, leur extrait aqueux et méthanolique sur des rats hypercholestérolémie ont réduit le LDL (Low Density Lipoprotein) et augmenté le HDL (High Density Lipoprotein) (Brai *et al.*,2007). Ensuite, il a été montré que l'extrait aqueux avait aussi un antiulcere, mais celle-ci n'est pas dû à un effet sur l'acide gastrique, mais plutôt à une inhibition de la sécrétion d'acide, celle-ci étant stimulées par l'histamine (Oluwole *et al.*,2011). De plus l'extrait hydroalcoolique de feuille a des propriétés anti-diabetique, car il régule le niveau de glucose dans le sang et dans le foie par la voie PKB/akt (Lima *et al.*,2012). La dernière propriété majeure démontrée est l'effet anti-diarrhéique (réduction de l'humidité et de la fréquence de défécation). Ces résultats sont comparables aux médicaments portant les mêmes propriétés (Odo *et al.*, 2013)

Persea americana est donc une plante qui a déjà été énormément étudié et qui possède un grand nombre de propriétés médicamenteuses.

❖ ***Mise en garde et toxicité***

Du fait de l'activité de stimulation utérine, l'usage des extraits de fruit ou de feuille d'avocat, par voie génitale, est contre indiqué chez les femmes enceintes). On a également constaté sur brebis allaitantes nourries avec de grosses quantités de feuilles d'avocatier une détérioration des glandes mammaires ainsi qu'une diminution de leur production de lait (Craig *et al.*, 1989). L'usage des extraits de feuilles sera donc déconseillé aux femmes allaitantes, par mesure de précaution.

Cependant, du fait de la faible toxicité de cette plante pour toutes les autres catégories de patients, son usage est recommandé, en particulier pour traiter l'aménorrhée, selon le séminaire Tramsil.

❖ **Valeurs nutritives de *Persea americana.***

La valeur nutritive de *Persea americana* Mill en vitamines et acides gras est présentée dans le tableau ci-après.

Tableau I. valeurs nutritives et Composition de *Persea americana* en acide gras.

S.NO.Analyse	Quantité (g)	S.NO. Analyse	Quantité (g)
1. Total en sucre	0,2	11. Vitamine B-6	**0,2 mg**
2. High-monounsatured	**6,7 g**	12. Niacine	1,3 mg
3. Sodium	5,5 mg	13. Panthencacid	1.0 mg
4. Potassium	345 mg	14. Riboflavine	0.1 mg
5. Magnésium	19.5 mg	15. Choline	10 mg
6. Vitamine A	43 µg	16. Lutéine	85 µg
7. Vitamine C	6.0 mg	17. Phytostérols	57 mg
8. Vitamine E	1.3 mg	18. Diététique en fibre	4.6 g
9. Vitamine K1	14 µg		
10. Folacine	60 mg		

Acides gras	Quantité en (%)
Acidepalmétique	28.21
Acidepalmitoleique	5.69
Acidesteartique	0.69
Acide oléique	50.95
Acide linoléique	13.87
Acide linoléique	0.58

Source : Noorul *et al.*, 2016).

I.2.Notion de stress oxydatif et de l'activité antioxydante

I.2.1. Stress oxydatif

❖ ***Historique***

Les radicaux libres, les espèces réactives d'oxygène (ERO), le stress oxydant et antioxydants deviennent des termes de plus en plus familiers pour les professionnels de la santé et même pour le grand public. Ces notions ne sont tout fois pas nouvelles puisqu'il faut rappeler que dans le milieu des années 50, Gerschman puis Hartman évoquaient déjà la toxicité de l'oxygène et la « Free radical theory » pour expliquer le processus du veillessement. En 1969,les Américaines Mc Cord et Fridovich isolent à partir de globules rouges humains un système enzymatique antioxydant superoxyde dismutase « SOD », démontrant ainsi pour la première fois que notre organisme produit des espèces réactives d'oxygène « ERO » dont il doit se protéger. Cette découverte sera le point de départ d'une intense recherche scientifique dans le monde entier sur le stress oxydant et antioxydants (Favier, 2003).

❖ **Définition**

Le stress oxydatif est défini comme étant le déséquilibre entre la génération des espèces réactives de l'oxygène et la capacité du corps à neutraliser et à réparer les dommages oxydatifs (Boyd *et al*, 2003).

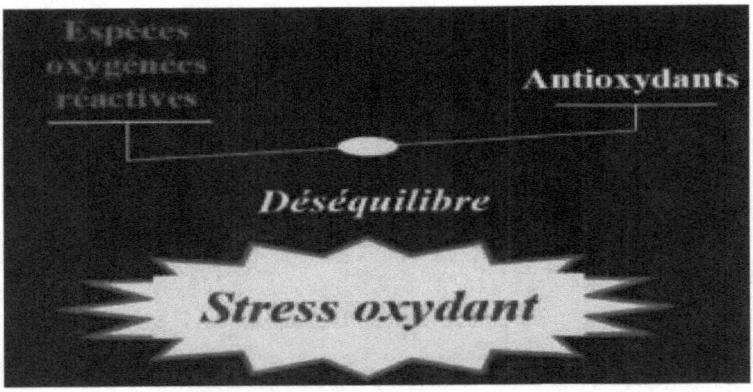

Figure 2 : Balance radicaux libres /antioxydants (Shimizu, 2004).

I.2.2. Les radicaux libres

❖ ***Définition***

L'oxygène est un élément essentiel pour l'organisme pluricellulaire parle qu'il permet de produire de l'énergie en oxydant la matière organique. Mais nos cellules convertissent une partie de cet oxygène en métabolites toxiques, nommés radicaux libres organique (Meziti, 2007).

Selon la définition proposée par Halliwell et Gulteridge, (1996). Les radicaux libres sont des espèces capables d'exister indépendantes, contenant un ou plusieurs électrons non appariées dits électrons célibataires. Ces radicaux peuvent se former par transferts mono-électriques ou par scission homolytique de liaison covalente selon le schéma suivant :

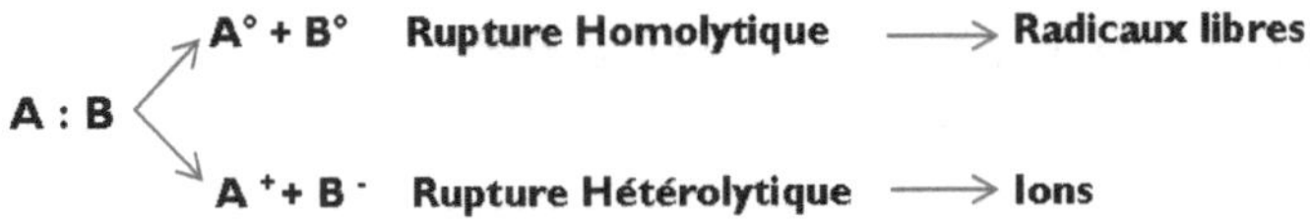

Entre les atomes A et B gagne l'orbitale externe de ces atomes, qui deviennent alors des radicaux libres (Bonnefort *et al*, 2003).

Du fait de leur instabilité énergétique, les radicaux libres ou en prenant une autre molécule. Ils peuvent donc être réducteurs ou oxydants. En jouant le rôle d'accepteur ou de donneur d'électron, les radicaux libres ont donc la propriété d'être extrêmement réactifs vis-à-vis des autres molécules, possédant un temps de demi-vie extrêmes court (de nanoseconde à la multi seconde) (Kœchlin, 2006). Bien que le terme de radical libre ait souvent été assimilé à une espèce réactive ou des oxydants, il est important de signaler que tous les radicaux libres ne sont pas fortement des oxydants. De même que, tous les oxydants ne sont pas des radicaux libres (Diallo, 2005).

Les radicaux libres sont très instables de par leur configuration électronique et leur durée de vie est très courte (de 4 à10s). Leur réactivité réside dans le fait qu'ils recherchent un électron pour réapparier leur électron célibataire, entrainant la propagation du phénomène par réaction d'un nouveau radical libre. Ils produisent aussi des réactions en chaine qui peuvent aboutir à des dénaturations ou destructions au niveau cellulaire (Gardes, 2003).

I.2.3. Origine des radicaux libres

❖ ***Origine endogène***

Les radicaux libres sont produits par divers mécanisme physique, la plupart des radicaux libres se forment au cours de métabolismes de l'oxygène (réduction de l'oxygène moléculaire en eau) dans les mitochondries. Le passage d'une molécule d'oxygène à deux molécules d'eau nécessite l'action de quatre électrons selon l'équation :

$$O_2 + 4Hé + 4H^+ \rightarrow 2H_2O°$$

Cependant, et jusqu'à 5% des cas on peut assister à une réduction incomplète de l'oxygène en eau. Cette réduction incomplète aboutit à la production de l'oxygène singulet ($^1O_2$) mais sur tout de l'amidon superoxyde ($O^{°}{}_2^{-}$). La dismulation de $O_2^{°}$- va donner naissance au peroxyde d'hydrogène(H_2O_2) puis indirectement au radical hydroxyle (•OH) (Princemail,2002,Valko *et al*, 2006).

Les radicaux libres peuvent également être produits lors de la défense antibactérienne, les cellules phagocytaires activées pendant la réaction inflammatoire. Les radicaux superoxydes formes peuvent alors subir eux aussi des transformations donnant naissance aux dérivés oxygénés toxiques la régulation des fonctions cellulaires létales telle la mort cellulaire programmée (apoptose). Fait appelle aussi à la production endogène des radicaux libres (Pincemail, 2002, Valko *et al*, 2006).

❖ ***Origine exogène***

L'organisme humain est soumis à l'agression de différents agents extérieurs capables de donner naissance à des espèces oxygénées réactives (Favier, 2003). Les rayonnement UV (par l'intermédiaire d'agents photosensibilisants) et les radiation induisent la synthèse de radicaux libres dérivés de l'oxygène tels que $O_2^{-\bullet}$, $OH^{\bullet}$,O_2 et de molécules génératrices de radicaux libres.

L'oxyde d'azote (NO) et le dioxyde d'azote(NO_2), des toxiques présents dans notre environnement, Suie, goudron, tabac, polluants industriels) sont généralement responsables de la synthèse de radicaux libres. Ils sont à l'origine d'une auto-oxydation des acides gras polyinsaturés(AGPI) des alvéoles pulmonaires (Favier, 2003). Il a aussi été montré que l'ingestion d'alcool pouvait être à l'origine de la production de radicaux libres. Ils sont produits au cours de l'oxydation de l'acétaldéhyde. Mais aussi certains médicaments anti-cancéreux antibiotique (Favier, 2003, Mohammedi, 2005). L'infection au VIH a pour effet d'accroitre la production de radicaux libres.

D'autres facteurs sont également capables de générer des radicaux libres dans l'organisme, en citant les rayonnements UV, les particules inhalées (silice) l'ingestion d'alcool, des anticancéreux (Favier,2003).

❖ **Rôle biologique des radicaux libres**

Le paradoxe des radicaux libre en biologique est qu'ils constituent des espèces extrêmes dangereuses, susceptibles d'engendrer un nombre considérable de maladie, tout en étant des espèces indispensables à la vie. Ils remplissent en effet de très nombreuses fonctions utiles qui à pour la phagocytose, ont été découvertes récemment.

Les radicaux libres participent au fonctionnement de certaines enzymes, à la transduction de signaux cellulaire, à la défense immunitaire contre les agents pathogènes ,à la destruction par apoptose des cellules tumorales, à la régulation de la dilatation capillaire, au fonctionnement de certains neurones et notamment ceux de la mémoire, à la fécondation de l'ovule, à la régulation des gènes(Favier,2003),à la production énergétique, au règlement de la croissance des cellules et la signalisation intracellulaire (Ardestani et,Touafek,2010,Marfak,2011).

I.2.4. Antioxydants

- ***Définition des antioxydants***

Les antioxydants sont des composés chimiques capable de minimiser efficacement les rancissements, retarder la peroxydation lipidique, sans effet sur les propriétés sensorielles et nutritionnelle du produit alimentaire. Ils permettent le maintien de la quantité et d'augmenter la durée de conservation du produit.

En outre, l'antioxydant alimentaire idéal, doit être soluble dans les graisses, efficace à faible dose, et non toxique, n'entraine ni coloration, ni odeur, ni saveur indésirable, résistant aux processus technologiques, et stable dans le produit fin (Hellal, 2011).

CHAPITRE II. MATERIEL ET METHODE

II.1. Matériel

II.1.1. Matériel biologique

Les échantillons de la plante ont été récoltés par le Professeur Iteku Bekomo en Mai 2017, dans la ville province de Kinshasa. Est située entre 4^0et5^0 de latitude sud et entre 13^0 et16^0 et $15^0$22 de longitude Est (Bangabutu, 2007).

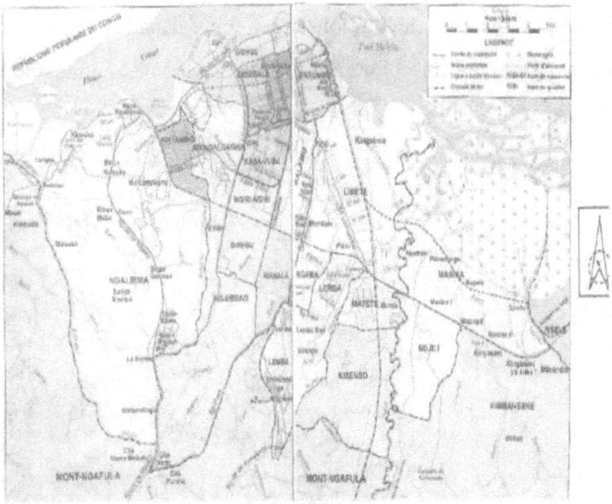

Source: Cepas Kinshasa

Figure 3: Représentation géographique du site de récolte des échantillons de *Persea americana Mill.*

II.2.2. Conditionnement du matériel végétal

Dans cette étude nous avons utilisé les noyaux de *Persae americana* une fois séchée dans les conditions utilisées dans la pharmacopée traditionnelle (cinq jours à 45^0 C à l'étuve), la partie de la plante est broyer ou pulvérisés afin d'obtenir une poudre fine.

II.2.3. Matériel microbiologique

Les trois souches bactériennes âgées de 24 heures ont été fournies par le Laboratoire de Microbiologie de la Faculté des Sciences Pharmaceutiques de l'Université de Kinshasa. Il s'agit notamment de *Escherichia coli* ATCC 25922, *Staphylococcus aureus* ATCC 25923, *et Pseudomonas aeroginosa*ATCC 9027.

II.3. Méthodes

Les parties de la plante récoltées ont été séchés à l'étuve (environ 45 °C) pendant cinq jours dans le laboratoire, elles sont ensuite broyées en vue de l'obtention de la poudre. La poudre obtenue a été macérée pendant 24 heures, après filtrer. Le filtrat a servi pour le screening chimique et les extractions ont permis pour les tests biologiques.

II.4. Analyse phytochimique

II.4.1. Screening chimique

C'est un criblage chimique qui regroupe un certain nombre d'analyses qualitatives. Ces analyses donnent une esquisse de la composition chimique en métabolites secondaires présents dans les matières végétales considérées. Le screening chimique utilise très souvent des méthodes et des réactifs spécifiques (Harbone, 1973).

II.4.2. Préparation des extraits

1. Extrait aqueux

Peser 10g de la poudre de la plante et y ajouter 100 mL d'eau distillée. Laisser reposer pendant 48 heures, puis filtrer. Le filtrat constitue le macéré.

2. Extrait organique

Peser 10g de la poudre de la plante et y ajouter 100mL de méthanol. Laisser reposer pendant 48 heures, puis filtrer.

II.4.3. Recherche des polyphénols

Prendre 1 mL d'extrait aqueux dans un tube à essai, y ajouter 1 mL de réactif de Burton. En présence des polyphénols, la solution se colore en bleu intense (parfois accompagné d'un précipité). Après, rechercher systématiquement les différents composés polyphénoliques (flavonoïdes, anthocyanes, leucoanthocyanes, tanins, quinones, etc.).

II.4.3.1. Recherche des flavonoïdes

Dans un tube à essais, mettre 3 mL de l'extrait aqueux, ajouter 1mL de réactif de Shinoda avec quelques copaux de magnésium. Y ajouter ensuite 1ml d'alcool isoamylique. La formation d'un film mince de coloration orangée (flavones), rouge cerise (flavonols) ou violacée (flavonones) démontre la présence des flavonoïdes.

II.4.3.2. Recherche des anthocyanes

A 3 mL d'extrait aqueux, ajouter 2 mL de HCl 20% et chauffer au bain marie. En présence des anthocyanes, il se développe une coloration rouge violacée de chlorure d'anthocyane qui peut cristalliser.

II.4.3.3. Recherche des leucoanthocyanes

A 3 mL d'extrait aqueux, ajouter quelques goûtes de réactif de Shinoda, puis chauffer au bain marie. Une coloration rouge ou violacée dans la couche surnageante est un test positif.

II.4.3.4. Recherche des tannins

On prélève 5mL de l'extrait aqueux dans un tube à essai dans lequel on ajoute 1ml de $FeCl_3$ 1%. L'apparition d'une coloration verte avec ou sans précipité, indique la présence des tanins de façon générale. Si le test est positif on peut différencier les tanins galliques des tanins catéchiques de la manière suivante :

- ✓ A 5mL d'extrait aqueux, ajouter 5 mL de réactif de Stiasny et chauffer au bain marie à 90° C pendant 30minutes, un précipité brun indique la présence des tanins catéchiques.
- ✓ Filtrer en cas de présence des tanins catéchiques, saturer le filtrat avec des cristaux de CH_3COONa.
- ✓ Ajouter 1 mL de $FeCl_3$ 2%. Une coloration noirâtre indique des tanins galliques.

II.4.3.5. Recherche de quinones liées

A 5mL de l'extrait aqueux, ajouter 1 ml de réactif de Börntrager (NaOH 10 % ou NH_4OH 10%) et agiter énergiquement. L'apparition d'une coloration allant de l'orange au rouge vif dénote la présence de quinones liées.

II.4.3.6. Recherche des alcaloïdes

A 5mL d'extrait aqueux, ajouter 1 ml d'acide chlorhydrique 1N et 0,05ml de réactif de Draggendoff, il se forme un précipité orange, indiquant ainsi la présence d'alcaloïdes dans l'échantillon.

II.4.3.7. Recherche des saponosides

Placer 2mL d'extrait aqueux dans un tube à essai, puis agiter énergiquement. L'apparition d'une mousse persistante atteste la présence des saponines.

II.4.3.8. Recherche des stéroïdes et des triterpenoïdes

A 5mL de l'extrait organique évaporéà sec, ajouter 1ml d'anhydride acétique et laisser ensuite couler sur la paroi interne du tube à essai 0,05ml de H_2SO_4 concentré (réactif de Leibermann ; H_2SO_4 concentré + [$(CH_3CO)_2O$]. Une coloration violette indique la présence des triterpénoïdes et stéroïdes en mélange. Séparément, les terpènes donnent un complexe mauve, tandis que les stéroïdes développent une coloration verte.

II.4.3.9. Recherche des quinones libres

- ✓ Réactif:

La recherche des quinones libres se fait à l'aide du réactif de Borntrâger (NaOH 10% ou NH4OH 10%).

A 5mL d'extrait organique, ajouter quelques gouttes du réactif de Borntrâger et agiter énergiquement. L'apparition d'une coloration allant de l'orange à rouge vif est un test positif.

II.5. Extraction à polarité croissante

Cinquante grammes de poudre (50g) ont été macéré dans 500 ml pendant 48heures dans les solvants à polarité croissance (n-Hexane, Dichloro méthane et Méthanol ; 1 : 10, p/v). Après filtration, les filtrats ont été concentrés à l'évaporateur rotatif puis évaporer à sec à l'étuve à +40 °C pendant 48 heures.

II.5.1. Rendement de l'extrait brut

Le rendement de l'extrait brut est définit comme étant le rapport entre la masse de l'extrait sec obtenu et la masse du matérielvégétaletraité. Ce rendement est calculé via l'équation :

$$R(\%) = \frac{n}{N} \times 100 \quad (1)$$

D'où, R (%) : Rendement en %

n : Masse de l'extrait après l'évaporation du solvant

N : Masse du matériel végétal utilisé pour l'extraction (Harborne, 1998).

II.5.2. Dosage des phyto-marqueurs

Les échantillons pour les analyses quantitatives ont été préparés à partir de 10 mg de l'extrait dissous dans 50 mL de solvant (méthanol)

❖ ***Les polyphénols totaux***

➢ ***Préparation du réactif de Folin-Calciolteu***

Dix grammes (10 g) de Tungstate de sodium ($Na_2WO_4.2H_2O$) et 2,5 g de Molybdate de sodium ($Na_2MoO_4.2H_2O$) sont dissous dans 70mL d'eau distillée. Ajouter 50mL d'acide phosphorique (H_3PO_4) à 85% (d=1,71) et 10mL d'acide chlorhydrique concentréà 36% (d=1,19). Porter à l'ébullition sous reflux pendant dix heures, ajouter ensuite 15 g de sulfate de lithium (Li_2SO_4), quelques gouttes de brome et porter à nouveau à l'ébullition pendant 15 minutes. Refroidir et compléter à 100mL avec de l'eau distillée.

➢ ***Teneur en polyphénols totaux***

La teneur en polyphénols totaux existant a été déterminée par la méthode de Folin-Calciolteu. Une quantité de 200 microlitre de l'extrait est mélangé avec 1mL du réactif de Folin-Calciolteufraichement préparé (10 fois dilué) et 0,8mL de carbonate de sodium (Na_2CO_3) à 7,5%. L'ensemble est incubéà 50 °C pendant 30 minutes et la lecture est effectuée contre un blanc à l'aide d'un spectromètre à 765 nm. La teneur en polyphénols totaux (exprimée en équivalent acide gallique) est donnée par la relation: $Y = 0,006x - 0,002$; $R^2 = 0,997$ (Nabila, 2013).

❖ ***Les flavonoïdes***

La teneur en flavonoïdes des extrais a été déterminée en utilisant la méthode colorimétrique de trichlorure d'aluminium. Une quantité de 100 microlitre de l'extrait a été mélangé avec 4mL d'eau distillée et par la suite 0,3mL d'une solution de nitrite de sodium ($NaNO_2$) à 5%. Après minutes 0,02mL d'une solution de $AlCl_3$à 10% a été ajouté. On additionne au mélange 2mL de solution de Na_2CO_3 1M et le tout dilué dans 10mL d'eau distillée après 5 minutes de repos.

L'ensemble est agitéà l'aide d'un vortex et l'absorbance a été mesurée à 510 nm. La teneur en flavonoïdes (exprimée en équivalent quercétine) est donnée par la relation: $Y = 0,009x + 0,006$; R2 = 0,999 (Nabila, 2013).

II.6. Etudes biologiques

❖ ***Evaluation de l'activité antibactérienne***

L'activité antibactérienne des différents extraits est évaluée par la méthode de diffusion en milieu solide (Ananil*etal.,* 2000). L'extrait à tester (20 mg) est préalablement dissout dans 250µL de DMSO et le volume final est ajustéà 5 mL avec le milieu de culture Mueller Hinton. Le test par la méthode de micro-dilution est réalisé dans des microplaques stériles en polystyrène de 96 puits à fond rond. Brièvement, 100 µL de milieu de culture sont placés dans chaque puits. A l'aide d'une micropipette, 200 µL de chaque extrait à tester (1000 µg/ml) sont placés respectivement dans les puits.100 µL de chacune de solution mère d'extrait sont ensuite prélevés en vue d'effectuer des dilutions en séries.

La suspension bactérienne est préparée en plaçant dans 2 mL d'eau physiologique pour chaque souche, trois colonies isolées des souches à tester (*Staphylococcus aureus* ATCC 25923, *Escherichia coli* ATCC 8739 et *Pseudomonas aeroginosa* ATCC 9027) et en incubant pendant 24 heures en vue d'obtenir 0,5 McFarland. Les différentes suspensions bactériennes sont ensemencées dans les boites de Pétri contenant le milieu Mueller Hinton par technique d'écouvillonnage. A l'aide d'une pipette Pasteur, creuser des puits dans la gélose de Mueller Hinton e dans les boites de pétrie. Ensuite, 100 µL des différentes concentrations de chaque extrais sont distribuées dans chaque puits. Le témoin positif est aussi placé dans un autre puits. Après diffusion, les cultures sont incubées à l'étuve à la température de 37°C pendant 24 h, et les auréoles d'inhibition sont mesurées autour de chaque puits.

❖ ***Evaluation de l'activité antioxydante***

Des nombreuses méthodes sont utilisées pour l'évaluation de l'activité antioxydant des extraits. La plupart de ces méthodes sont basées sur la coloration ou décoloration d'un réactif dans le milieu réactionnel. Dans notre étude nous avons utilisé trois différents tests chimiques à savoir :

- Méthode au radical ABTS
- Méthode au radical DPPH
- Méthode au phosphomolybdate

➤ **Préparation des échantillons**

- Dissoudre 10mg d'extrait sec de chaque échantillon dans 1mL de méthanol pour les extraits polaires.
- Réaliser des dilutions pour avoir les niveaux de concentrations suivantes : 8mg/mL, 6 mg/mL, 4mg/mL et 2 mg/mL.

A . Test à l'ABTS

a. Principe

Le test ABTS a été faite suivant la méthode de Re*et al.* (1999) qui a été repris par Franck *etal.* (2013). En réagissant avec le persulfate de potassium ou de sodium ($K_2S_2O_8$), l'ABTS (Acide 2,2'-azino-bis-3éthylBenz-Thiazoline-6-Sulfonique) forme le radical cationique $ABTS^{\bullet +}$ de couleur bleue à verte. L'ajout d'un antioxydant réduit ce radical et provoque la décoloration du mélange. La décoloration du radical mesurée par spectrophotométrie à 734 nm est proportionnelle à la concentration en antioxydants (Kapepula *et al.*, 2016, Bukatuka *et al.*, 2016).

b. Préparation du radical $ABTS^{\bullet +}$

- Dissoudre dans 500µL d'eau distillée une quantité du réactif ABTS correspondant à 20 millimoles : solution A
- Dissoudre dans 500µL d'eau distillée une quantité persulfate de potassium ($K_2S_2O_8$) correspondant à10 millimoles: solution B
- Mélanger à volume égal la solution A et B et garder le mélange à l'abri de la lumière pendant 12 à 16 heures : solution mère du radical $ABTS^{\bullet +}$
- Diluer x fois la solution mère du radical avec le méthanol pour avoir une solution d'analyse dont l'absorbance varie entre 0,800 à 1,000.

c. Mise en contact de l'échantillon avec le radical

- Dans un tube à essais, placer 20µL de méthanol avec 1980µL de la solution du radical $ABTS^{\bullet +}$: solution control (à 3 répétitions).

- Dans un tube à essais, placer 20µL de la solution de l'échantillon pour chaque niveau de concentration (3 répétitions), ajouter à la solution 1980µL de la solution d'analyse du radical ABTS•$^{+}$
- Laisser incuber à l'abri de la lumière pendant 30minutes

d. Lecture de l'absorbance à 734 nm

Faire la lecture successive des solutions pour chaque niveau de concentration (3 répétitions) au spectrophotomètre à 734 nm : le blanc (méthanol), la solution contrôle, les solutions de l'échantillon.

e. Détermination du pouvoir d'inhibition du radical

Le pourcentage d'inhibition du radical ABTS•$^{+}$ par l'échantillon est déterminéà l'aide de la formule suivante :

% d'inhibition = $[1 - (A_x/A_c)]$ x100 (2)

Ax : l'absorbance du radical ABTS•+ en présence de l'extrait

Ac : l'absorbancedu radical ABTS•+ (solution contrôle)

f. Détermination de la valeur des CI_{50}

Les valeurs des CI_{50} des différents échantillons sont déterminées à l'aide du logiciel GrapPadPrism 6.0

B. Test au DPPH

a. Principe

La méthode est basée sur la dégradation du radical DPPH• (2,2 Diphenyl-1- PicrylHydrazyle). Le radical DPPH• est un radical de couleur violette, l'ajout d'antioxydant réduit ce radical et provoque la décoloration du mélange ; cette décoloration du radical mesurée par spectrophotométrie à 517nm est proportionnelle à la concentration en antioxydants (Kapepula *et al.*, 2016).

b. Préparation du radical DPPH•

- Dissoudre 3,2mg de DPPH dans 100mL de méthanol 80%
- Garder la solution à l'abri de la lumière pendant au moins une heure

- L'absorbance de cette solution doit être ajustée à 0,7 ± 0,05 à l'aide du méthanol 80 %.

c. **Mise en contact de l'échantillon avec le radical**

- Dans un tube à essais, placer 20µL de méthanol avec 1980µL de la solution du radical DPPH • : solution contrôle (à 3 répétitions).
- Dans un tube à essais, placer 20µL de la solution de l'échantillon pour chaque niveau de concentration (à 3 répétitions), ajouter à la solution 1980µL de la solution d'analyse du radical DPPH•
- Laisser incuber à l'abri de la lumière pendant 30 minutes.

d. **Lecture de l'absorbance à 517nm**

Faire la lecture successive des solutions pour chaque niveau de concentration (3 répétitions) au spectrophotomètre à 517nm : le blanc (méthanol), la solution contrôle et les solutions de l'échantillon

e. **Détermination du pouvoir d'inhibition du radical**

Le pourcentage d'inhibition du radical DPPH par l'échantillon est déterminéà l'aide de la formule suivante:

% d'inhibition = [1 – (A_x/A_c)] x 100 (3)

Où : A_x : l'absorbance du radical DPPH en présence de l'extrait

A_c : l'absorbancedu radical DPPH (solution contrôle)

f. **Détermination de la valeur des CI_{50}**

Les valeurs desCI_{50} des différents échantillons sont déterminées à l'aide du logiciel GrapPadPrism 6.0

C. Test au phosphomolybdate

a. **Préparation du réactif de molybdate d'ammonium**

- Pour préparer le réactif de molybdate d'ammonium, 100 mL d'eau distillée ont été acidifiée l'aide de 3,27 mL d'acide sulfurique concentré.

- Ensuite, 436,6 mg de molybdate d'ammonium et 436,8 mg de phosphate de sodium y ont été dissouts.
- La solution ainsi obtenue a été portéeà 300mL par addition d'eau distillée.
- Mise en contact de l'échantillon avec le réactif

Dans des tubes à essai, 10 mg de l'extrait méthanolique de Persea americana (1000-31.25.5µg/mL) ont été mélangés avec 2 mL du réactif de molybdate d'ammonium. Après agitation, les tubes ont été bouchés avec de l'ouate, et incubé au bain marie à 950C pendant 1h30min. La mesure de l'absorbance a été faite au spectrophotomètre UV-visible à 695nm. Le méthanol a servi de contrôle négatif alors que la vitamine (100-62.5) a servi de contrôle positif.

- L'activité antioxydant relative est calculée selon la formule suivante :

$$AAR = \frac{\textbf{Abs.Echant}}{\textbf{Abs.Vit C}} \times \mathbf{100} \ (4)$$

Avec Abs. Échantillon : absorbance de l'échantillon

Abs. Vit C : absorbance en équivalents de vitamine C/g d'extrait

CHAPITRE III : RESULTATS ET DISCUSSIONS

III.1. Analyse phytochimique.

Le tableau 2 donne les résultats du screening chimique effectué sur les phases aqueuse et organique de *Persea americana* Mill.

Tableau 2. Screening phytochimique des phases aqueuse et organique des extraits de noyau de *Persea americana* Mill

Composés recherchés	Partie utilisée (Noyau)
1. Phase aqueuse	
Polyphénols	+
Flavonoïdes	+
Tanins	+
Anthocyanes	+
Leuco-anthocyanes	+
Alcaloïdes	+
Saponines	-
Quinine liée	+
2. Phase organique	
Stéroïdes et Triterpenoïdes	+
Quinine libre	+

(Légende : + composés chimiques recherchés présents, – composés absents).

L'analyse de ce tableau montre que les noyaux de *Persea americana* Mill. sont riches en métabolites secondaires, notamment des poly-phénols, flavonoïdes, tanins, quinones liées, anthocyanes, leuco-anthocyanes, alcaloïdes, stéroïdes, triterpénoides, les quinones libres, mais les saponines sont absents. Ces résultats corroborent ceux publiés par Agnieszka *et al.* 2012.

Dans la littérature il a été montré que les feuilles de *Persea americana* contiennentdu quercétol, de la catéchine, de l'épi catéchine, de la cyanidine, de la procyanidine, des terpénoïdes, des tanins catéchiques, responsables de l'effet anti-diarrhéique, et une huile essentielle (contenant en quantités variables de l'estragole, du méthylchavicol, de l'α-pinèneet d'autres terpènes).

La pulpe du fruit, quant à elle, contient des sesquiterpènes, de l'hydroxy tryptamine, des vitamines A et E, des caroténoïdes, des glucides (glucose, fructose,perséitoletmannoheptulose).

Les différentes classes des constituants chimique sont les monoterpenoïdes (Pino *et al.*, 2000), sesquiterprnoïdes (Scora *et al.*,1998), triterpenoïdes (Werman *et al.*,1990), flavonoïdes (De Almeida *et al.*,1998), alcaloïdes (Nagaraj *et al.*, 2010), stéroïdes (Sciancalepore *et al.*,1982), caroténoïdes (Gross *et al.*,1974). Beaucoup des travaux faites sur les fruits de cette plante ont aboutis a trouvé des molécules aux propriétés intéressantes. Un composé antifongique contre le pathogène *Colletotricum glaesporiode* a été découvert en 2000. Il s'agit du (E,Z ,Z)-1-acetoxy-2hydroxy-4-oxo-heneicosa-5,12,15-triene et a été isoléà partir des idioblastes de l'avocat (Domergne *et al.*, 2000).

Corral *et al.* 2008, a démontré que l'avocat est doué de propriété antioxydant. Celle-ci est due aux phénols solubles totaux, la vitamine C, leβ-carotène et les caroténoïdes totaux. L'extrait aqueux est 95 fois plus antioxydant que le lipophilique, ce sont donc les phénols (24,2mg/100g MF) et la vitamine C (58% acide ascorbique) qui sont en majorité responsable de l'activité antioxydant de l'avocat.

Ramos (2013), a montré que l'extrait methanolique du noyau, suivie d'un fractionnement a permis de séparer et d'identifier trois composés d'acides chlorogénique et ses isomères, de l'acide quinique, des salodrosides, de la pro-antocuacinedines B_1et B_1. Des tests *in vitro* de ces composés ont montrés qu'ils possèdent des effets d'inhibiteurs de stimulations sur le kératinocyse et le fibroblaste humain. D'autres molécules phytochimiques bioactives ont été trouvées et ont pour effet d'améliorer l'hypercholesterolémie, l'inflammation, le diabète et l'hypertension. De plus des effets insecticides, fongiques et antimicrobiens ont été encore une fois montrés (Dabas *et al.,* 2013).

III.2. Rendement d'extraction avec des solvants à polarité croissante

La figure 4 ci-dessous nous donne les résultats du rendement d'extraction des différentes fractions utilisées.

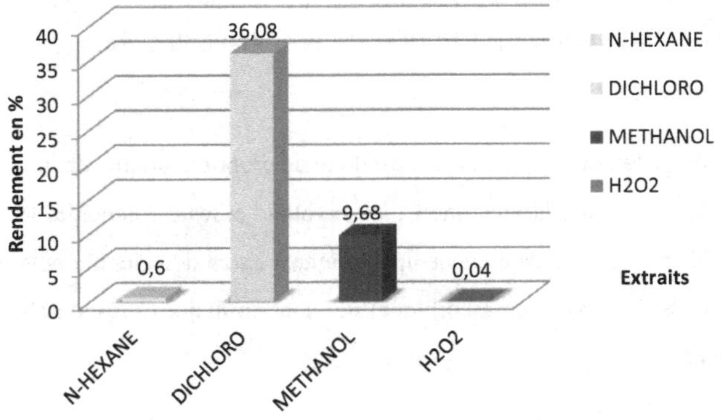

Figure 4. Rendement d'extraction des différentes fractions utilisées

Il ressort de la figure que pour l'extraction à polarité croissante de nos échantillons, partant de 25g de la poudre des noyaux de *Persea americana* Mill., le rendement obtenu pour la fraction au n-hexane est de 0.6%, soit 0.15g. Pour la fraction au dichlorométhane, le rendement est de 36,08% soit 9.02g et pour celle de méthanol, le rendement est de 9,68% soit 2.42 g. La fraction de l'eau a donné un rendement de 0,04% soit 0.01g.

III.3. Activité antibactérienne des extraits de *persea americana*

Ce tableau présente les valeurs de concentration minimale inhibitrice des extraits testés sur les souches bactériennes utilisées (les souches *d'E. coli, S. aureus* et de *P. aeruginosa*).

Tableau 5. Activité antibactérienne des extraits de noyau de *Persea americana*

Fraction	Concentration (µg/mL)							
	2000	1000	500	250	125	62,5	31,25	M/C (µg/mL)
Eschericha Coli ATCC 8739								
n-Hexane	+	+	+	+	+	+	+	›2000
Dichloromethane	+	+	+	+	+	+	+	›2000
Méthanol	+	+	+	+	+	+	+	›2000
Extrait aqueux	+	+	+	+	+	+	+	›2000
Staphylococcus aureus ATCC25923								
n-Hexane	+	+	+	+	+	+	+	›2000
Dichloromethane	+	+	+	+	+	+	+	›2000
Méthanol	+	+	+	+	+	+	+	›2000
Extrait aqueux	+	+	+	+	+	+	+	›2000
Pseudomonas aeruginosa ATCC 9027								
n-Hexane	+	+	+	+	+	+	+	›2000
Dichloromethane	+	+	+	+	+	+	+	›2000
Méthanol	+	+	+	+	+	+	+	›2000
Extrait aqueux	+	+	+	+	+	+	+	›2000

(Légende: +: croissance bactérienne; -: inhibition de la croissance; ATCC: American Type Cell Collection), CMI concentration minimale inhibitrice).

Il ressort de ce tableau que toutes les souches bactériennes testées (*E. Coli* ATCC *2, S. aureus* ATCC, *P. aeruginosa*) sont moins sensible vis-à-vis d'extraits de noyaux de *Persea americana* Mill. (CMI supérieure ou égale à 2000 µg/mL). Cette activité antibactérienne est cependant faible et serait due aux composés phénoliques et autres présents dans les extraits testés. Elle serait également due à la nature de leur paroi. En effet, contrairement à *E. coli, S. aureus* est une bactérie à gram+. Sa paroi est épaisse (plusieurs couches superposées) et serait la cible pharmacologique des composés bioactifs présents dans *Persea americana* Mill. alors que chez *E. coli*, la membrane externe empêcherait les composés chimiques de pénétrer dans la cellule bactérienne (Lengbiye, 2015).

III.4.Résultats du dosage des phyto-marqueurs dans lesnoyauxde*Persea americana* Mill.

Dans le but de pouvoir évaluer la teneur en métabolites secondaires contenus dans notre échantillon, nous avons fait le dosage de polyphénols totaux et des flavonoïdes. Les résultats sont repris dans le tableau ci-dessous.

Tableau 6. Composition chimique des extraits de *Persea americana* MILL. en phyto-marqueurs

Etraits	Métabolites secondaires	
	Polyphénols totaux (µg GAE/g)	Flavonoïdes (µg QE/g) (% ratio)
***Persea americana* Mill.**	**69,70±3,07**	**27,53±1,15 (39, 49)**

(GAE : équivalent acide gallique ; QE : équivalent quércetine ; Ratio: rapport flavonoides sur poly-phenols totaux).

Il ressort de ce tableau que l'extrait de *Persea Americana* Mill. a une teneur élevée en polyphenols. Il est aussi révélé que les métabolites recherchés dans cette plante passent facilement dans les solvants polaires (le méthanol). Il faut en outre noter que cette plante est riche en flavonoïdes (ratio égal 0,39). Ainsi donc, les flavonoïdes peuvent de ce fait être sélectionnés comme phyto-marqueurs plus stables du point de vue physico-chimique et prêteront mieux à une étude phytochimique plus approfondie. Notons aussi que dans la littérature il a été montré que l'activité anti-drépanocytaire est attribué aux flavonoïdes (Mpiana *et al.*, 2008). L'activité antioxydant est aussi attribué aux polyphenols (Corral *et al.*, 2008).

III.5. Détermination de l'activité antioxydante des extraits du noyau de *Persea americana*

III.5.1 Méthodes de ABTS et du DPPH

L'activité antioxydante des différents extraits est presenté dans le tableau ci-dessous.

Tableau 7 : Valeurs de CI_{50} (µg/mL) des fractions et de la vitamine C pour le test à l'ABTS et au DPPH (Moyenne ± SD, n=3)

	CI_{50} (µg/mL)	
	ABTS	**DPPH**
Fraction au methanol	12.22±2.67	11.94±4.45
Extrait aqueux	83.95±10.67	1104.08±10.95
Vitamine C	2.94±0.27	1.52±0.19

L'analyse du tableau 7 montre que la fraction au méthanol de noyaux de *Persea americana* Mill. a montré des valeurs de CI_{50}<100 µg/mLdans les tests à l'ABTS et au DPPH en c'est qui concerne la fraction aqueuse a montré une valeur de CI_{50}<100 µg/mLavec le test à l'ABTS. Les capacités des différents extraits à inhiber les radicaux varient sensiblement dans chaque type de test. Notons que cette différence d'activité peut être due par la variation qualitative ou quantitative en composé bioactif dans chaque fraction.

En outre, on peut remarquer que la valeur de concentration inhibitrice 50 (CI_{50}) obtenuedans le test au DPPH avec la fraction au méthanol a montré une grande activité par rapport à la fraction aqueuse face à l'ABTS. Cette différence d'activitépourrait être attribuée aux mécanismes des réactions. En effet, l'ABTS réagit en même temps avec les composés hydrophiles et lipophiles tandis que le DPPH° réagit seulement avec les composés hydrophiles (Bukatuka *et al.*, 2016). Notons également que nos fractions ont montré une activité inférieure comparée à l'activité de la Vitamine C utilisée comme contrôle positif, cependant cette activité est intéressante comparée aux autres plantes (Ngbolua *et al.*, 2014a ; Ngbolua *et al.*, 2014c). Il y a donc une évidence que les polyphénols trouvés dans les aliments ou dans les plantes médicinales soient capables de moduler le stress oxydant (Scalbert, *et al.*, 2005 ; Perron *et al.*, 2009).

III.5.2. Méthode au phosphomolybdate

L'activité antioxydante déterminée par la méthode au phosphomolybdate des différents extraits est présenté dans le tableau ci-dessous.

Tableau 8 : Activité antioxydante de l'extrait des noyaux de *Persea americana*

Concentration (µg/mL)	**Activité antioxydante relative (%)**	**Equivalent vitamine (mg/g extrait)**
1000µg/ml	63,65±0.49	636.5±4.90
500µg/ml	61.32±0.45	613.2±4.50
250µg/ml	56.06±0.00	560.6±0.00
125µg/ml	21.05±0.00	210.5±0.00
62.5µg/ml	15.55±0.00	155.5±00
31.25µg/ml	7.35±0.00	73.5±0.00

Nous observons ci-haut que l'activité antioxydante des noyaux de *Persea americana* Mill. varie en fonction des concentrations de l'extrait qui se situe entre 1000µg/mL et 31,25µg/mL. Notons que l'activité de l'extrait de cette plante testée est plus importante à une concentration élevée comme nous pouvons observer. Dans la littérature il a été rapporté que l'activité antioxydante des plantes utilisées dans la pharmacopée traditionnelle est attribuée aux composés phénoliques (Tshibindi, 2015). La présence de ces constituants ayant cette propriété dans cette plante pourrait justifier son usage par la population en médecine traditionnelle (Tshibindi, 2015).

CONCLUSION ET SUGGESTION

De nos jours, un grand nombre de plantes aromatiques et médicinales possèdent des propriétés biologiques très importantes qui trouvent de nombreuses applications dans divers domaines à savoir en médecine, pharmacie, cosmétologie et l'agriculture. Ce regain d'intérêt vient d'une part du fait que les plantes médicinales représentent une source inépuisable de substances bioactives, et d'autres parts les effets secondaires induits par les médicaments inquiètent les utilisateurs qui se retournent vers des soins moins agressifs pour l'organisme.

Dans ce travail, il a été question de faire un criblage phytochimique et d'autre part de doser les phytomarqueurs d'intérêt biopharmaceutique et, évaluer *in* vitro les activités antioxydante et antibactérienne des extraits des noyaux de *Persea americana* Mill. Obtenu à partir de l'extraction.

Il ressort de cette étude que:

- Les noyaux de *Persea americana* contiennent des métabolites secondaires tels que les polyphénols, flavonoïdes, tanins, alcaloïdes, triterpenoides,.Susceptibles de leur conférer des activités biologiques intéressantes.
- L'analyse quantitative de phytomarqueurs des extraits de *Persea americana* a montré qu'il ya une concentration de 69.70±3.07 mg/QE de polyphénols totaux et de 27.53±1.15 mg/QE de flavonoïdes.
- Tous les extraits testés possèdent une faible activité antibactérienne vis-à-vis de trois souches testées. Cependant l'extrait méthanoliques ont montré une meilleure activité antioxydante. Au regard des valeurs des CI_{50} de nos différentes fractions, il est évident que les noyaux de *Persea americana* possèdent des propriétés antioxydantes intéressantes.

L'ensemble de ces résultats montre que cette espèce communément utilisée dans la médicine traditionnelle semble être biologiquement active et les études ethnobotaniques pourraient donc être une approche biologique intéressante qui ouvre des nouvelles perspectives pour la découverte de nouveaux médicaments pour le traitement des maladies provoquées par le stress oxydant.

A la suite de ces résultats, il serait donc intéressant d'étendre l'éventail des tests antioxydants et antibactériennes des différentes fractions par la chromatographie ainsi que l'isolement et la caractérisation des composés actifs dans les différentes extraits en vue d'identifier les molécules responsables des différents activités biologique de cette plante.

REFERENCES BIBLIOGRAPHIQUES

Adeboye JO, Fajonyomi MO, Makinde J, Taiwoo B. 1993. A Preliminary study on the hypotensive activity of *Persea americana* leaf extrats in anaesthetized, normotensive rats.Fitoterapia 70:15-20.

Adeyemi OO, Okpo SO and Ogunti OO. 2002. Analgesic and anti-inflammatory effects of *Persea americana* Mill (lauraceae). Fitoterapia 73:375-380. http://doi.org/10.1016/50367-326×(02)00118-1

Amann C, Amann G, Arhel R, Guiot V, Marquet G. 2008. Plantes de Mayotte. Naturaliste de Mayotte.

Anani K., Hudson JB, de Souzal C., Akpagana K. Tower GHN, Amason JT. and Gbeassor M (2000). Investigation of medicinal plants of TOGO for antiviral and antimicrobial activities. Pharmaceutical Biology 38(1):40-45.

Antia BS, Okokon JE, Okon PA. 2005. Hypoglycaemic activity of aqueous leaf extract of *Persea Americana* Mill. Indian Journal pharmacology, 37:325-326.

Ardestani A, Yazdanparast T. 2007. Antioxidant and free radical scavenging potential of *Achellea santolina* extracts. Food Chemistry, 104 :21-29

Bikandu B. 2012. Etude de quelques especes medicinales cibles vendues dans la marches de Kinshasa et leur disponibilité sur les formateurs végétales cas «des axes Kinshasa-Matadi et Kinshasa-Kikwit». Dissertation de DEA, Département de Biologie, Faculté des Sciences, Université de Kinshasa 273p.

Boyd B, Ford C, Koepke MC, Gary K, Horn E and McAnalley B. 2003. Etude pilote ouverte de l'effet antioxydant d'Ambrotose sur des personnes en bonne santé. Glycoscience & Nutrition.4(6):7.

Bukatuka CF, Ngombe NK, Mutwale PK, Moni BM, Makengo KG, Pambu LA, Bongo NG, Mbombo MP, Musuyu MD, Maloueki U, Koto-Te-NyiwaNgbolua JP, Mbemba TF. 2016. Bioactivity and Nutritional Values of Some Dioscorea Species Traditionally Used as Medicinal Foods in Bandundu, DR Congo. European Journal of Medicinal Plants, 14, 1-11.

Brai BIC, Odetola AA, Agomo PU. 2007.Hypoglycemic and hypocholesterolemia potential of *Persea americana* Leaf Extrats. Journal of Medicinal food,10(2):356-366.

Corral-Aguayo RD, Carillo-lopez A, Yahira EM, Genzalez-Aguilar G. 2008. Correlation between some nutritional comparents and the total antioxidant capacity measured with six different assays in light horticultural craps. Acta Horticultural, 877:1267-1274. http://doi.org/10.1021/Jf801983r

Christiansen BA, Bhatti S, Goudarzi R, Emami S. 2014.Management of osteoarbhritis with Avocado/Soybean unsaponifiables. Cartilage, 6(1):30-44 http//doi.org/10.1177/1947.60351455499

Dabas,D.,Shegog,R.M.,Ziegler,G.R.Lambert,J.D(2013).Avocado(persea Americana) seed as a source of bioactive phytochemicals.curent pharmaceutical design,19(34),6133-40 http://doi.org/10.2174/1381618113119340007

De Alimeida A, Miranda M, Simoni I, Wigy M, Lagrota M, & Costa S. 1998. Flavonol monoglycosides isolated from the antiviral fractions of *Persea americana* (Lauraceae) Leaf infusion. Phytotherapy Research,12:562-567.

Dike PO, Olawoleobemba F, Adebiyob E. 2012. Ethnobotanical Survery for Potential anti-malaria plants in south-western Nigeria. Journal of Ethnopharmacology, 144 (2012):618-628.

Ding H, Chin YW, Kinghorn AD, D'Ambrosis SM (2007). Chemo-preventive characteristics of avocado fruit.Seminars in cancer. Biology, 17(5):386-394. http://doi.org/10.1016/J.Semcancer.2007.04.003

Domergue F, Helms GL, Prusky D, Browse J. 2000. Antifungal compound from idioblast cells isolated from avocado fruits. Phytochemistry, 54(2):183-189.http://doi.org/10.16/Soo31-9422(00)00055-8

Engel N, Coppermann A, Falodun UK. 2011. Proliferative effects of five traditional Nigeria medicinal plant extracts on human breast and bone cancer cell lines. Journal of Ethnopharmacology, 123 (2011) :1003-1010.

Favier A. 2006. Stress oxydant et pathologies humaines. Ann. Pharma. Fr. Mémoire de Activités antioxydante et antimicrobienne d'extraits de *Rhamnus alaternues* L. p 64 :390-396.

Favier A. 2003.Le stress oxydant intérêt conceptuel et expérimental dans la compréhension des mécanismes des maladies et potentiel thérapeutique. L'actualités chimique, pp. 108-115

Franck T, Mouithys-Mickalad A, Robert T, Ghitti G, Deby-dupont G, Neven P, Serteyn D. 2013. Chemico-Biological interactions differentiation between stoichiometric and anticatalytic antioxidant properties of benzoic acid analogues: A structure/redox potential relationship study. ChemBiol Interactions.; 206:194.

Gardés-Albert D, Bonne FR, Abedinzadeh Z et Jore D. 2003. Espèces réactives de l'oxygène : comment l'oxygène peut-il devenir toxique ? L'actualité chimique pp 91-96.

Gross JG, Lifshiz A. & Sulaz B. 1974. Structure of some carotenoids from the pulp of *Persea americana*. Phytochemistry,13,1917-1921.

Halliwell B. 1994. Free radicals and antioxidants. Nutr. Rev., 52:253-265.

Harborne JB. 1998. Phytochemical methods: A guide to modern technique of plant analysis. Ed 3.Charman & Hall, pp 202-209.

Hellal Z. 2011.Contribution à l'étude des proprieties antibactériennes et antioxydantes de certaines huiles essentielles extradites des citries. Application sur la sardine (*Sardine pilchardus*). Mémoire de Magistre. Université Moulond Mammeri De TIZI-ou 2

Ojewole JOA and Amabeoku JG. 2006. Anticonvulsant effects of *Persea americana* Mill(lauraceae) (avocado) leaf aqueous extract in mice. Fitoterapia,20 :696-700.

Kapepula PM, Mbombo PM, Franck F, Mouithys A, Mumba ND, Dibungi KP, Kabamba NN, Tits M, Frédérich M, Tamfum MJJ. (2016). Antioxidant potentiality of three herbal teas consumed in Bandundu rural areas of Congo. Nat Prod. Res. 1:1-4.

Koane JN, Ouamba JM, Syssa-Magale JL. 2011. Etudes phytochimiques et pharmacologiques de quelques plantes médicinales centrafricaines à proprietés antidiabetiques. Diabetes & Amp, Metabolism, 38(S2) :A112-A113.

Komlaga G, Cojean S, Berriddir AM, Dick R, Champy P, Mensah MLK, Soulaf SA, Jato J and Loiseau PM. 2015.The antimalarial potential of three Ghanaian medicinal plants. Herbal Medicine, 2(1): doi: 10.21767/2472-0151.10004

Koelchlin-Ramonatxo C. 2006. Oxygene stress oxydant et supplémentation anti-oxydantes ou un aspect diffèrent de la nutrition dans les maladies respiratoires. Nutrition clinique et métabolisme, 20 :165-177

Lengbiye EM, Ngbolua KN, Lumande JK, Mpiana PT. 2015. *Canarium schweinfurthii* Engl. (Burseraceae): An Updated Review and Future Direction for Sickle Cell Disease. J. of Advancement in Medical and Life Sciences. V3I3 DOI:10.15297/JALS.V3I3.05.

Lima CR, Vasconcelos CFB, Costasilva JH, Maranhar CA, Costa J, Batista TM, Wanderly AG. 2012. Anti-diabetic activity of extract from *Persea americana* Mill. Leaf via the activation of protein kinase B(pkb/Akt) in streptozotocin induced diabetic rats. Journal of ethnopharmacology, 141(1):517-525. htpp://doi.org/10.1016/J.jnutbio.2004.08.003

Lu QY, Anteaga JR, Zhang Q, Huerta S, Go VLW, Heber D. 2005. Inhibition of prostate cancer cell growth by avocado extract:Role of lipid soluble bioactive substances journal of Nutritional Biochemistry,16(1),23-30.http://doi.org/10.1016/J.Jnutbio.2004.08.003

Marfak A. 2011. Radiolyse gamma des flavonoids Etude de leur reactivité avec les radicaux issus des alcools:Formation des depsides.These de doctorat Université de limoges, pp 6-45.

Mata AT, Proenc C, Ferreira AR, Serralhiero MLM, Nogueira J.M.F., Araujo MEM. 2007. Antioxidant and anti-acetylcholinesterase activities of five plant used as Portuguese food spices. Food Chem.103:778-786.

Meziti, A. 2007. Activité antioxydante des extraits des graines de *Nigella sativa* L. : Étude *in vitro* et *in vivo*. Mémoire de Magister Université de Batna.P 30-35-49-67.

Mohammedi Z. 2013. Etude phytochimique et Activités biologiques de quelques plantes médicinales de la Région Nord et Sud-Ouest de l'Algérie. Thèse de Doctorat en Biologie, Université Abou BekrBelkaid. Tlemcen, Algerie, p 60.

Mourad B. 2011. Etude de l'activité antioxydante et antimicrobienne d'extraits d'*Artemisa campestris* L. Memoire de Magister.Université Ferhat Abbes setif.

Mpiana PT, Mudogo V, Tshibangu DST, Kitwa EK, Kanangila AB, Lumbu JBS, Ngbolua KN, Atibu EK, Kakule MK. 2008. Antisickling Activity of Anthocyanins from *Bombax pentadrum, Ficus capensis, Zizyphus mucronata*: Photo degradation effect. J. Ethnopharmacol.120: 413-418.

Nagara JM, Scendhyar V, Supreya G, Manju R, Kumari P, Bole S. 2010. Antioxicidant and antibacterial activity of Avocado (*Persea americana* Gaertner.) Seed extract. World Applied Microbiology, 19:470-473.

Noorul H, Nesor A, ZafarK KM, Zeeshan A, Vartikas S. 2016. Health benefits and pharmacology of *Persea americana* Mill. (Avocado). International Journal of Research in Pharmacology and Pharmacotherapeutics, 5(2):132-141.

Ngbolua KN, Bishola TT, Mpiana PT, Mudogo V, Tshibangu DST, Ngombe KN, Tshilanda DD, Baholy R. 2014a. *In vitro* antisickling and free radical scavenging activities of *Pentaclethra macrophylla* Benth (Fabaceae). *J. Advancement Med Life Sci.* DOI: 10.15297/JALS.V1I2.03.

Ngbolua KN, Mubindukila REN, Mpiana PT, Tshibangu DST &Ashande MC. 2014c. Antibacterial and Antioxidant Activities of Anthocleista liebrechtsiana Wild & T. Durand (Gentianaceae) Originated from Democratic Republic of the Congo. *Journal of advancement in medical and life sciences*, (1): 1–6.

Odo CE, Nwodo OFC, Joshua PE, Ugwu OPC, Okonkwo CC. 2013. Acute toxicity investigation and anti-diarrhoeal effect of the chloroformemethanol extract of the seeds of P*ersea americana.* Journal of Pharmacy Research, 6(3):331-335. http://doi.org/10.1016/J.jopr.2013.03.012

Ojewole AOJ, Amabeoku GJ. 2006. Anticonvulsant Effect of *Persea americana* Mill (Lauraceae) (Avocado) Leaf Aqueous Extract in Mice. Journal of Chinese Matina Medica, 22:557-559.http://doi.org/10.1002/ptr

Oluwole FS, Onasanwo SA, Olaleye SB. 2011. Effects of Aqueous and methanolic Extracts of *Persea americana* Leaf (Avocado) on Gastric acid secretion in Male Albino Rats, 61(4):474-481.

Orhervba BA, Jinadu AO. 2011. Determination of physico-chemical properties and Nutritional contents of Avocado (*Persea americana* M.) Academic Research International, 1(3):372-381.

Owalobi MA, Jaja SI & Coker HAB. 2003.Vasorelaxant action of aqueous extract of the leaves of *Persea americana* on isolated thoranic rat aorta. Fitoterapia, 76(6):567-573.http://doi.org/10.16/J.filote.2005.04.020

Owolabi MA, Jaja SI, Coker HAB. 2005. Vasorelaxant action of aqueous extract of the leaves of *Persea americana* on isolated thoraric rat aorta. Fitoterapia 76(6):567-573.

Latham P et Konda K. 2006. Quelques plantes utiles du Kongo Centrale province, République Démocratique du Congo. Deuxième édition, pp 71.

Pereez A, Quezarda GA, CatoArbelo O. 2015. Review Avocado (*Persea americana* Mill). Cultivos Tropicales, 36(2):111-123. http://doi.org/10.13140/rg.2.2.19879.55200.

Perron NR, Brumaghim JL. 2009. A review of the antioxidant mechanisms of polyphenol compounds related to iron binding. Cell Biochem.Biophys, 53 :75–100.

Pincemail J, Siquet J, Chapelle JP, Cheramy-Bien JP, Paulissen G, Chantillon AM, Christiaens G, Gielen J, Limet R, Defraigne JO (1998). Espèces oxygénées en médecine humaine: une approche didactique. Vaisseaux, Coeur, Poumon 3: 133–8

Pincemail J, BonJaen K, Defraignejo C. 2002. Mecanismes physiologiques de la défense anti-oxydante. Nutrition clinique et metabolisme,16 :233-239.

Pino J, Rosade A & Aguero J. 2000.Volatile components of avocado (*Persea americana* Mill) fruits. The journal of Essential oil Research, 12:377-378.

Ramos-jerz MDR, Villanueva SJ, Winterhalter G, Deters AM. 2013. *Persea americana* Mill. Seed: Fractionation, Characterization, and effets on human keratinocytes and fibroblast. Evidence-based complementary and Alternative Medicine, 201 3(November).http://doi.org/10.1155/2013/391247.

Re R, Pellegrini N, Proteggente A, Pannala A, Yang M, Rice-Evans C (1999). Antioxidant activity applying an improved ABTS radical cation decolorization assay. Free Rad Biol Med., 26(9-10):1231-1237.

Scalbert A, Johnson IT, Saltmarsh M. (2005). Polyphenols, antioxidants and beyond. Am. J. Clin. Nutr. 81:215S–217S.

Sciancalepore V. & Dorbessan W. 1982. Sterol composition of oil of avocado (*Persea americana* Mill). Grassas y Aceites, pp 33-275.

Scora R & Scora P. 1998. Leaf oils of two new avocado varieties endemic to Costa Rica.The journal of essential oil Research, pp 10,705,707

Sofowora. A 1996, Plantes médicinales et médicine traditionnelle d'Afrique éd. Karthala, paris, France.

Touafek O. 2010.Etude phytochimique de plantes médicinales du Nord et Sud Algerien.These de doctorat. Université de Constantine, pp 9-76.

Valko M, Rhodes CJB, Moncol J, Izakovic M, Mazur M. 2006. Free radicals, metals and antioxidants in oxidative stress-induced cancer chemico-Biological interactions,160:1-40.

Verdrager, 1978. Ces médicaments qui nous viennent des plantes. Maloine, Paris, pp 15-16.

Watt JM, Breyer-Brandnijk MG.1962.The medicinal and poisonous plants of southern and Eastern Africa, 2nd edn.E&S.Livingstone: Edinburgh and London, 532533.

Wermane M, Mokady S & Neeman1. 1990. Partial isolation and characterization of a new natural inhibition of lysyl oxidase from avocado seed oil. Journal of agricultural and food chemistry, 38, 2164-2168.

Yasir M, Dias S, Kharya MD. 2010. The phytochemical and pharmacological profile of *Persea americana* Mill. Pharmacognosy Review, 4(7):77-84. htpp://doi.org/10.4103/0973

Table des matières

Kolibri 360 GmbH
Ferdinand-Jühlke-Straße 7
99095 Erfurt, Deutschland
produktsicherheit@kolibri360.de

Druck:
CPI Druckdienstleistungen GmbH
im Auftrag der
Kolibri 360 GmbH
Ferdinand-Jühlke-Str. 7
99095 Erfurt